Sistema de calefacción sostenible

Alternativa para lugares que necesitan calefacción.

Edson Schenkel

Sistema de calefacción sostenible - Edson Schenkel

Sistema de calefacción sostenible - Edson Schenkel

Introducción..3

Sistema de calefacción actual............................5

Sistema de calefacción sostenible....................27

Cómo funciona este sistema............................34

Introducción

En muchos países, los duros inviernos no son sólo una característica estacional sino una realidad que moldea la vida cotidiana. Para afrontar las bajas temperaturas, calentar los hogares se convierte en una necesidad primordial. Sin embargo, la solución más común ha sido el uso de combustibles fósiles, que no sólo contaminan el medio ambiente sino que también afectan significativamente el presupuesto familiar a largo plazo.

Este libro surge de la urgente necesidad de encontrar alternativas viables, ecológicas y económicamente accesibles para la calefacción doméstica en regiones con inviernos severos. Exploraremos la viabilidad de nuevas tecnologías y métodos sostenibles que prometan transformar esta necesidad básica en una oportunidad de innovación verde. Nuestro objetivo es demostrar que es posible mantener el confort térmico en los hogares sin comprometer el planeta ni los recursos económicos de las familias.

A lo largo de estas páginas encontrará soluciones prácticas y creativas que no sólo reducen la dependencia de los combustibles fósiles, sino que también promueven un futuro más sostenible y económico. Únase a nosotros en este viaje de descubrimiento y transformación, hacia un mundo donde la calefacción eficiente y ecológica sea una realidad accesible para todos.

Sistema de calefacción actual:

En países con regiones muy frías, los sistemas de calefacción actuales suelen depender en gran medida de combustibles fósiles como el gas natural, el petróleo y el carbón. Éstos son algunos de los sistemas más comunes:

1. Sistemas de Calor Central:

Muchos hogares y edificios utilizan sistemas de calefacción central, donde un solo horno o caldera calienta aire o agua, que luego se distribuye por todo el edificio a través de un sistema de conductos.

En este sistema hay un lugar, normalmente en el sótano, donde un horno o caldera calienta el aire o un depósito de agua. Con aire o agua calentada, el calor se distribuye a través del aire, o mediante un sistema de tuberías con agua que se encuentran debajo del suelo, si el suelo es de material no combustible.

Como es necesario calentar algún material, este sistema utiliza algún tipo de combustible o energía, los más comunes son:

Gas Natural: Es una de las fuentes energéticas más habituales para los sistemas de calefacción central por su eficiencia y disponibilidad.

La mayoría de países que tienen inviernos extremadamente fríos también cuentan con depósitos de combustibles fósiles como petróleo, gas natural o carbón, o los importan de países cercanos.

El gas natural es el más utilizado porque puede llegar y utilizarse en las ciudades, y en las zonas rurales, la calefacción central también se puede hacer utilizando leña como combustible, lo que genera más residuos y requiere lugares más grandes para almacenarlos, lo que no es posible. en la mayoría de los apartamentos.

En la mayoría de estos países, el gas natural se distribuye mediante sistemas de plomería, lo que le permite llegar a hogares y negocios a través de tuberías, lo que reduce la necesidad de transporte, pero trae costos de mantenimiento además de riesgos.

El mayor riesgo de este sistema es la

disponibilidad casi "infinita" de gas natural, que puede provocar muertes por intoxicación o explosiones durante una fuga que no se detecta ni localiza. Por tanto, es un sistema que necesita mucho cuidado y seguimiento continuo del sistema, lo que también trae consigo más gastos, que pueden encarecerlo con el tiempo si se suma al aumento del precio de los derivados del petróleo por su reducción, en Además el mundo avanza hacia la búsqueda de alternativas más ecológicas, dejando paulatinamente de utilizar este tipo de combustibles para su uso en sistemas que recurren a la quema de los mismos para evitar el aumento del calentamiento global.

Puede resultar contradictorio reducir el uso de combustibles fósiles en calefacción para evitar el calentamiento global. Pero el calentamiento global no sólo afecta al invierno, sino que hace que los veranos sean más calurosos, lo que también puede provocar muertes en la temperatura de nuestros hogares en verano.

También hay que pensar que el calentamiento global no sólo puede provocar un aumento de la temperatura, sino también cambios en el clima que pueden provocar incluso algo contradictorio como un aumento de los inviernos con temperaturas extremadamente bajas, o incluso provocar veranos fríos.

Esto podría suceder debido a los depósitos de hielo "eternos", que con el calentamiento se derretirán más rápidamente, reduciendo la temperatura del aire y de los océanos, lo que aumenta enormemente las lluvias, las tormentas, los huracanes y las masas de aire polar extremadamente frías.

Así, el calentamiento puede hacer que algunos lugares sean aún más fríos durante unos años o décadas hasta que todavía quede hielo por derretir, provocando también un aumento del nivel del mar, lo que no es bueno para muchos países con grandes loterías y para la mayoría de las ciudades más grandes ubicadas en estos. áreas.

Volviendo al tema de los tipos de sistemas de calefacción que existen:
Calefacción por gasóleo:

En algunos lugares donde es más difícil o donde no hay gas natural disponible, o es muy caro llegar hasta el lugar, se utiliza petróleo como combustible.

Este combustible se llama gasóleo de

calefacción, que es un derivado del petróleo, que se compra en barriles y se suministra a tanques construidos fuera de las viviendas.

El sistema funciona de la siguiente manera:

Este gasóleo se almacena en un depósito situado en el exterior de la vivienda, y se calcula en función de las necesidades de calefacción de cada vivienda.

De este depósito, este aceite pasa a un sistema que hace que el aceite se vaporice y se mezcle con aire, facilitando que se produzca la combustión dentro del sistema cerrado, similar al sistema de carburador de un automóvil, que mezcla el combustible con el aire para luego ser quemado.

Dentro de este sistema, existe una fuente de chispa, que provocará que se inicie la combustión, la cual liberará energía en forma de energía térmica. Es decir, es prácticamente igual que el sistema del motor de combustión, pero en este caso se aprovechará la variación de temperatura creada y no el movimiento directamente.

La combustión del petróleo puede producirse de otra forma, también por presión, lo que provoca que la combustión se produzca sin necesidad de batería o fuente de energía eléctrica.

Generando el calor, éste pasa a un sistema similar a la mayoría de sistemas de calefacción, donde el calor generado será absorbido por el agua o el aire y distribuido por toda la casa.

En términos de contaminación, este genera más partículas, es decir, la quema de petróleo genera más contaminación en comparación con el gas natural.

Una ventaja ecológica en comparación con el gas natural derivado del petróleo es que el aceite también puede producirse a partir de fuentes renovables, como la soja y otras semillas oleaginosas.

Pero esta alternativa sigue siendo una de las más caras, si tenemos en cuenta que hay que transportarlo y en muchos casos recorrer largas distancias para llegar al lugar que necesita esta calefacción.

La posibilidad de una explosión del petróleo es menor que la del gas natural, ya que necesita un proceso de mezcla con el aire para poder arder, es decir, si se fuga, será más difícil que provoque intoxicaciones o explosiones.

Sistema que utiliza Propano como combustible:

Es importante conocer la diferencia entre el gas natural y el gas propano, aunque normalmente se extraen de los mismos yacimientos que contienen petróleo.

El gas natural es el menos industrializado, es decir, generalmente no necesita muchos procesos para separarse del petróleo, su composición molecular es más ligera que la del gas propano y se distribuye más fácilmente a través de tuberías.

El propano, en cambio, es "más pesado" y requiere un proceso de refinación de petróleo y gas natural, para darle al gas natural una mayor capacidad de generar calor. En otras palabras, al comparar el gas natural y el gas propano, el propano genera más energía en forma de calor y, por tanto, más calefacción.

Aunque el gas natural también puede ser licuado, para uso residencial es más común encontrar gas propano en cilindros presurizados.

Cuando se trata de intoxicaciones por gas, el gas natural es la mejor opción para evitarlo en caso de fuga, ya que es más liviano y se dispersa más rápidamente, en comparación con el gas propano, que generalmente se encuentra muy cerca del piso de la casa, ya que es más denso que el aire, lo que dificulta la salida por las ventanas si el ambiente no está suficientemente ventilado.

La ventaja puede ser una desventaja en cuanto a explosiones, ya que el gas natural tiene mayor capacidad de distribuirse en la zona y se mezcla más con el oxígeno del aire, haciendo que una chispa provoque fácilmente una gran explosión.

Debido a que el gas propano se distribuye en cilindros, tenemos que considerar que parte de su costo proviene del transporte y de los procesos de fabricación y mantenimiento de los propios cilindros, los cuales pueden dañarse durante su uso o transporte.

Al igual que el gas natural, el propano también generará dióxido de carbono y es mejor elegir propano por su mayor eficiencia a la hora de generar calor.

Sistema que utiliza electricidad:

Este sistema no es tan común en zonas muy frías debido a los costes.

En zonas muy frías se presentan periodos con días más cortos y congelamiento de ríos, lo que hace que las opciones energéticas provenientes del sol o de los yacimientos de agua, como las hidroeléctricas, no sean opciones para estas localidades en invierno, lo que provoca que la producción de electricidad se vea afectada. se realiza mediante la quema de un combustible fósil, lo que significa que en el proceso de transformación del calor en energía eléctrica hay más pérdidas que al utilizar el calor directamente, por lo que los sistemas que utilizan los combustibles directamente que el sistema que utiliza electricidad para calentar la casa.

En otros lugares donde las temperaturas no son tan frías y los días incluso en invierno no son tan cortos, el uso del aire acondicionado resulta más ventajoso ya que la generación eléctrica se puede realizar mediante plantas fotovoltaicas, eólicas e hidroeléctricas.

Una alternativa que están investigando e implementando países con lugares muy fríos es el uso de centrales nucleares, que son más eficientes, aunque requieren grandes cantidades de materia prima radiactiva para depurarla y tienen suficiente para mantener calientes las grandes ciudades.

Este proceso de obtención de este material radiactivo no es ideal si se considera en el sistema natural, es decir, a menos que se obtenga a través de túneles subterráneos, es necesario deforestar grandes áreas, destruyendo el sistema natural de esa zona por mucho tiempo, incluso que Los proyectos incluyen la posterior reforestación.

Pero en este ámbito hay investigaciones en el área de la fusión atómica, que reducirían e incluso anularían esta pérdida, ya que sólo sería necesario obtener gas hidrógeno para luego realizar el proceso que tiene lugar en el interior de nuestro sol y formar helio, obteniendo así energía de este proceso.

Esta evolución abarataría la energía porque el hidrógeno es el elemento más abundante en el universo y aquí en la Tierra, ya que el agua tiene en su composición dos de estos átomos, los cuales se pueden obtener por hidrólisis del agua, no siendo necesario deforestar para obtener este elemento.

Sistema que utiliza biomasa:

Este sistema utiliza materiales que al quemarse generan calor, como materiales elaborados a partir de madera, papel, materiales orgánicos o de desecho, como materiales plásticos y tejidos sintéticos.

Al igual que otros sistemas, estos materiales, que pueden ser restos de muebles de madera, tarimas, ramas de poda, hojas y otros, se queman para calentar una caldera.

Este sistema es más utilizado en industrias o plantas termoeléctricas y en granjas, donde normalmente se cortan árboles para producir leña.

En cierto modo, puede ser una solución para reducir un poco el problema de los residuos urbanos, ya que la mayoría de los residuos podrían reciclarse o quemarse para producir electricidad o calefacción, pero sigue siendo un productor de contaminación del aire si estas plantas No cuentan con sistemas para filtrar el aire, que pueden ser sistemas costosos.

Este sistema se puede considerar más sostenible si estos materiales provienen de árboles, no del aprovechamiento de bosques que aún existen, y con un sistema de plantación, de modo que mientras los árboles crecen, ayuden a reducir la cantidad de dióxido de carbono en el aire.

Sistema que utiliza a energia geotérmica:

Este sistema tiene un coste inicial muy elevado, ya que aprovecha el hecho de que cuanto más se adentra en el centro de la tierra, mayor es la temperatura. Luego se perforan agujeros en los puntos con temperaturas más altas y existe un sistema que utiliza la convección de calor para que esta energía térmica llegue al lugar que se necesita calentar.

Este tipo de energía es abundante y se puede utilizar hasta que las capas inferiores de la tierra se enfríen por completo, lo que llevará mucho tiempo, pero el problema de utilizarla en una casa o edificio es que dependiendo de dónde esté ubicada la casa. , la profundidad de construcción para encontrar un lugar que proporcione la temperatura necesaria para mantener la casa caliente puede ser desde unos pocos metros hasta kilómetros, ya que depende de qué tan lejos esté ese lugar del centro de la tierra o de la actividad volcánica.

En promedio, la temperatura aumenta 1 grado centígrado por cada 30 metros de profundidad, lo que, dependiendo del tamaño de la casa y la temperatura que se desee, requeriría perforar a más de 900 metros de profundidad, para tener temperaturas ligeramente superiores a los 20 grados centígrados. .

Esto requeriría una gran inversión y quien lo hiciera tendría que invertir más para poder apagar este sistema durante el verano.

Este sistema puede ser bueno para ubicaciones grandes, condominios o ciudades, ya que se podrían dividir los gastos.

Estos sistemas utilizan una ubicación central y distribución a otros lugares a través de tuberías o circulación de aire, pero hay otros que cubriré brevemente antes de llegar al sistema que pensé que sería una alternativa a todas estas formas de calefacción o tipos de combustible que Se necesitan, como el sistema será similar, lo que cambiará será la forma de obtener la energía térmica.

Otro tipo de sistemas distintos al sistema central que utilizan calefacción localizada, es decir, solo calientan un lugar, es decir, no tienen un sistema de tuberías para distribuir el calor.

Estos otros sistemas pueden ser móviles o retirarse más fácilmente, ya que se caracterizan por ser sistemas más pequeños y ubicados en espacios más específicos.

Un ejemplo de este sistema son las estufas y chimeneas, generalmente se ubican en salas o cocinas, teniendo la estufa dos funciones principales, que son calentar el lugar y servir para cocinar alimentos y calentar agua, que también servirá en algunos lugares. y adaptaciones para el agua del baño.

La chimenea también se puede encontrar en los dormitorios y no puede considerarse un sistema central ya que solo calienta el lugar en el que se encuentra y es necesario tener más de una para poder calentar otros lugares.

Estos dos sistemas utilizan la madera como combustible principal, en algunos casos carbón y en otros gas natural o propano.

Generalmente se encuentran en casas y son menos comunes en apartamentos, ya que requieren de un sistema para eliminar el humo.

La forma de suministro es manual, es decir, se necesita alguien que mantenga encendido el fuego, y no es automatizado si se utiliza madera o carbón como combustible, pudiendo ser automatizado el sistema que utiliza gas natural o propano.

La propagación del calor generado por este sistema es generalmente a través del aire, calentando más los lugares que están más cerca y más las partes superiores de un mismo lugar, haciendo que el aire circule por convección.

Este sistema se puede mejorar para distribuir la temperatura a más ubicaciones, utilizando una ventilación que empuje el aire caliente de la parte superior de la habitación hacia las partes inferiores.

Este sistema, para ser utilizado durante el invierno para calefacción, tiene el inconveniente de que requiere grandes espacios para almacenar la leña o lo que hace que este sistema sea más común en zonas rurales, donde durante las épocas de calor la leña se corta y almacena en grandes almacenes. , para que este recurso esté disponible durante todo el día y la noche.

Es un sistema que se puede decir que es sostenible si se replantan árboles, pero no podría ser utilizado por todos porque los árboles tardan más de lo que se pueden consumir, lo que haría necesario plantar mayores superficies de árboles, lo que Sería bueno para el medio ambiente, ya que estos árboles reciclarían el aire durante su vida, reduciendo la contaminación que también produce la quema de la propia madera.

Estos sistemas son relativamente más simples y accesibles, las estufas y chimeneas se pueden fabricar con muchos materiales, incluso materiales de desecho como barriles metálicos, restos de construcción como barras metálicas que sostienen edificios, parte de carrocerías de automóviles, electrodomésticos e incluso la estructura de estas estufas. y las chimeneas pueden estar hechas de metal o de ladrillos cocidos o de arcilla cruda o arcilla. Esto significa que se puede construir una estufa o chimenea sin utilizar recursos económicos, lo que lo convierte en un sistema accesible para cualquiera que tenga la iniciativa de construir utilizando recursos disponibles en la mayoría de los lugares, incluso en los más aislados.

Otro sistema no central son los radiadores y calefactores eléctricos, que en muchos modelos se pueden llevar a donde quieras calentar, es decir, son calefacción móvil y aún más localizada, ya que es necesario estar muy cerca de este aparato para tener suficiente energía. calentar o tener un ambiente bien aislado térmicamente para que después de un cierto tiempo este sistema pueda calentar este lugar completamente a una temperatura agradable.

El sistema puede usar resistencia eléctrica, o puede usarse en conjunto con un sistema central que calentará el vapor y este calentamiento se almacenará por más tiempo en un radiador que contiene aceite en su interior, haciendo que este sistema se mantenga caliente por más tiempo incluso con la resistencia. o sistema de calefacción apagado.

Para operar este sistema, se requiere energía eléctrica y, dependiendo de la ubicación, puede ser más ventajoso utilizar otros sistemas de calefacción basados en combustible que los sistemas de calefacción eléctricos, ya que el combustible es más barato.

Pero si analizamos la situación en los apartamentos, donde los espacios son más pequeños y no tienen sistema de calefacción central, puede que sea la única opción, además de muchas mantas y ropa.

Sistema de calefacción urbana:

Generalmente, este sistema aprovecha el calor generado en la generación de energía de las centrales termoeléctricas y termonucleares, para calentar lugares que no se encuentran muy alejados de estas centrales.

En este sistema, las plantas eléctricas utilizan el calor para generar presión y así generar el movimiento de las turbinas, pero para operar con la máxima eficiencia, este calor generado tiene que ser eliminado del sistema, siendo necesario un sistema de refrigeración para que el ciclo sea completo.

Así, en estos lugares existe un sistema de tuberías que harán circular el agua, sin que ésta entre en contacto directo con el agua de las calderas, especialmente de las plantas termonucleares. Estas tuberías pasarán por conductos subterráneos, lo que ayuda mucho a evitar tanta pérdida de temperatura en el camino, llegando así a agua con temperatura suficiente para calentar muchos hogares.

El problema de este sistema es que no es posible llevar esta calefacción hasta ahora sin tener que invertir más en cubiertas aislantes para estas tuberías y si se utiliza en edificios de muchas plantas, hay mayor pérdida de temperatura, al haber más zonas abiertas.

A pesar de las limitaciones, se trata de una forma inteligente de utilizar energía que se desperdiciaría si solo se utilizara para generar electricidad.

También existen modelos más nuevos de generación de electricidad que también se pueden utilizar como sistema de calefacción, pero esto debe estar bien diseñado, especialmente en países que tienen pocas horas de luz solar en invierno.

Estos sistemas son solares, donde se utilizan sistemas de espejos para concentrar la energía del sol en un tanque de agua, calentándola a altas temperaturas. Este sistema tendría una distribución de calor similar al sistema anterior, pero sólo funcionaría durante el día y durante los breves momentos en que apareciera el sol, debiendo pensar en formas de almacenar esta energía térmica.

En esta dirección se están investigando e implementando sistemas de baterías de calor, es decir, sistemas que puedan mantener altas temperaturas en el interior durante más tiempo.

Uno de ellos son los grandes depósitos de arena, que durante el día, a través de un sistema de calentamiento interno, esta arena absorbe calor y al estar en un lugar térmicamente aislado perderá menos temperatura de la que recibirá durante el día y su distribución. Se puede regular el calor para momentos posteriores, como por la noche o durante algunas semanas.

Si se creara un sistema con un aislamiento

térmico suficientemente eficiente se podría pensar en ahorrar energía en forma de calor de las estaciones cálidas para utilizarlo en las estaciones frías, pero para que esto suceda se necesita más investigación sobre materiales y sistemas, siendo este un método sostenible. y ecológico ya que utilizaría la energía del sol para calentar y generar electricidad, sin generar contaminación ya que no se quemaría ningún tipo de combustible.

La mayoría de estos sistemas, aunque efectivos, tienen un impacto significativo en el medio ambiente debido a la emisión de gases de efecto invernadero. La búsqueda de alternativas más sostenibles y eficientes es un importante desafío de futuro.

Pensando en este desafío, me motivé a escribir este libro que traerá ideas y sugerencias sobre una tecnología que puede ser una opción más ecológica y económica, y por lo tanto puede usarse tanto en zonas rurales como en pequeños departamentos.

Lo mejor de esta idea que les voy a presentar es que puede ser una solución sencilla, como el conocimiento y la estructura principal ya existe, lo único que queda es utilizarla para un uso que quizás no estaba pensado. de todavía.

En el próximo capítulo presentaré este sistema más ecológico que se puede utilizar en lugares donde los inviernos son extremadamente fríos y las opciones de calefacción más utilizadas son los combustibles fósiles.

Sistema de calefacción sostenible:

Después de abordar los sistemas existentes y más utilizados en países que tienen inviernos con temperaturas muy bajas. En este capítulo vengo a defender y presentar mis ideas sobre un nuevo sistema que puede ser más sostenible que otros sin necesidad de ser más caro.

Para ello empezaré por la defensa, utilizando conocimientos que ya han sido descubiertos por la humanidad, pero que, en general, se están utilizando en otros ámbitos.

La inspiración para pensar en este sistema fue pensar en una manera fácil de obtener energía en forma de calor con cosas simples a las que cualquiera pudiera acceder sin importar su condición financiera y conocimientos técnicos y científicos, es decir, que pudieran ser ensambladas, construidas por alguien.

Pero para cumplir con este objetivo de ser fácil de construir y barato. el sistema debería ofrecer la posibilidad de ser utilizado en su forma más simple, además de poder conectarse a sistemas más complejos, convirtiéndolo en una tecnología accesible tanto para los ricos como para las personas que viven en las calles.

Con eso en mente, pensé que los materiales para la construcción y operación deben estar presentes y ser accesibles independientemente de dónde viva la gente.

Hay algunos materiales que se pueden considerar, pero el requisito que se debe cumplir es que pueda generar energía y calefacción de manera sencilla ya se ha visto en sistemas anteriores que el uso de materiales que pueden quemarse puede ser una solución, pero trae consecuencias no deseadas tanto para el medio ambiente como para los seres vivos, que se incluyen en esta categoría.

Estos materiales que se pueden utilizar son materiales hechos de madera, traigo este ejemplo, en la categoría de materiales hechos de madera porque no todos los lugares tienen árboles o madera disponible para leña, pero si está un poco industrializado se pueden encontrar materiales de descarte elaborados. de madera, procedente tanto de la eliminación de muebles viejos y deteriorados, como de materiales utilizados en la construcción y la industria.

Así, este material puede ser un buen candidato para generar calor de forma barata y sencilla, contando con la disponibilidad de materiales de desecho de este tipo y si la persona tiene la disponibilidad de tener un lugar donde almacenarlo o salir a recogerlo. las calles todos los días.

Este tema presenta una dificultad, tener un espacio para almacenar este material para que se mantenga seco, ya que generalmente en épocas frías este material al dejarlo al aire libre puede absorber humedad, lo que dificulta su quema y además quienes viven en lugares pequeños lo harían. no podrían almacenar cantidades suficientes, lo que les llevaría a tener que salir a buscar diariamente este material.

Si el tema es proteger a las personas del frío intenso, no es buena idea alentar a las personas que se exponen todos los días a bajas temperaturas a buscar este material para quemarlo y así calentar sus hogares.

Otros materiales que estarían aún más disponibles y que podrían generar calor son otros materiales de desecho como papel, telas, envases de plástico y otros productos a base de caucho.

En esta categoría de materiales existen muchos más riesgos, como el envenenamiento con los gases que forman. Incluso crear un sistema para eliminar el humo del ambiente sería muy perjudicial para otras personas y animales y ayudaría a aumentar la contaminación atmosférica estos materiales podrían usarse en plantas termoeléctricas, ya que podrían crear sistemas para reducir la contaminación como el uso de filtros, pero esta no es una alternativa barata y accesible para la mayoría de las personas.

Entonces, pensando en el medio ambiente, el sistema de generación de calor debe ser lo más natural posible, es decir, algo que ya funcionaba incluso antes de que el ser humano descubriera cómo utilizar el fuego.

Imagino que habrás pensado en los cavernícolas que vestían pieles de animales, que a pesar de ser una solución, este material no es tan accesible hoy en día, especialmente para las personas que viven en las ciudades y que quizás no tienen dinero para comprarse un abrigo de cuero.

En esta categoría podemos sustituir la piel de animal por materiales sintéticos, algodón o lana, que pueden ser más fáciles de encontrar y como estos materiales se desechan, la gente en las ciudades puede encontrarlos sin tener que gastar dinero.

Quizás esta sea una opción si lo que buscas es calefacción individual, pero no sólo es necesaria la calefacción individual, ya que en ambientes fríos hay ocasiones en las que será necesario quitarse la ropa para realizar necesidades biológicas, lo que sería mucho. más cómodo si se calentara el ambiente, dependiendo de la temperatura, todo el líquido del ambiente se congelaría, siendo necesario el uso de llamas incluso para poder beber un vaso de agua o para evitar que se congele el agua del inodoro.

En esta parte estoy trayendo situaciones extremas, de personas extremadamente pobres, pero este sistema no necesita usarse solo en estas situaciones, puede tener una estructura que puede ser utilizada por cualquier clase económica como una alternativa más ecológica, incluso si no es necesario ahorrar recursos económicos.

Esta tecnología también puede provocar el uso de recursos que antes se consideraban no utilizados o incluso de alguna manera inconvenientes, por lo que incluso hay que pagar para eliminarlos dejad de hablar, estos recursos básicos para el sistema de calefacción pueden proceder de residuos de comida, pieles de frutas e incluso residuos sanitarios.

Puede parecer asqueroso, por la forma en que tratamos los residuos que eliminamos, pero saber utilizarlos puede dar solución a muchos problemas modernos, no sólo para el frío del invierno, sino también para el aprovechamiento de estos residuos para generar energía y ayudar en la producción de nuevos alimentos, reduciendo también las enfermedades que pueden ser causadas por una incorrecta eliminación de estos materiales, las cuales no harán más que aumentar con el aumento de la población mundial.

El proceso que permite utilizar estos materiales como sistema de calefacción es el proceso de compostaje, donde la materia orgánica será descompuesta por microorganismos y esto generará temperaturas que se pueden utilizar en un sistema de calefacción central, sin tener que quemar nada, ni utilizar electricidad. Se puede imaginar que este sistema genera olores indeseables, pero si se hace correctamente esto no sucederá y luego al final del proceso el material sobrante se puede utilizar de manera segura en las plantaciones como fertilizante, aumentando aún más la producción de alimentos y reduciendo los costos de desperdicio. producir la misma producción, haciendo que los alimentos sean más baratos para todos.

En el próximo capítulo explicaré cómo funciona este sistema y cómo se puede ensamblar, tanto en forma de un sistema simple que se puede usar incluso en una situación de emergencia, como cuando se integra con los sistemas existentes, lo que genera ahorros de recursos en ambos extremos. eso puede ser costoso y contaminante.

Cómo funciona este sistema:

En definitiva, este sistema aprovecha la degradación de materiales orgánicos por parte de microorganismos, generando así calefacción e incluso gases combustibles que también pueden aprovecharse.

Este innovador sistema se basa en la degradación de materiales orgánicos por microorganismos, un proceso natural que se produce en condiciones controladas. Los microorganismos, a través de sus actividades metabólicas, descomponen la materia orgánica, liberando energía en forma de calor y produciendo gases combustibles como metano y dióxido de carbono. Este calor generado se puede utilizar para diversas aplicaciones, como la calefacción de espacios o la producción de agua caliente sanitaria.

Además, los gases combustibles resultantes de este proceso pueden capturarse y utilizarse como fuente alternativa de energía. El metano, por ejemplo, se puede purificar y utilizar como biogás para alimentar estufas, generadores eléctricos o incluso vehículos adaptados para este tipo de combustible.

La implementación de este sistema no sólo promueve la gestión sostenible de los residuos orgánicos, reduciendo la cantidad de residuos que van a los vertederos, sino que también contribuye a la reducción de las emisiones de gases de efecto invernadero. Es una solución ecológicamente correcta que alinea los beneficios ambientales con la generación de energía renovable y sostenible.

Para entender más sobre el proceso y por qué se genera calor en este proceso, describiré cómo sucede:

Inicio del proceso: Compostaje.

La degradación de materiales orgánicos por parte de microorganismos es un proceso natural conocido como compostaje durante este proceso, microorganismos como bacterias, hongos y actinomicetos descomponen la materia orgánica transformándola en humus, un material rico en nutrientes.

Este proceso puede ocurrir de forma aeróbica (con presencia de oxígeno) o anaeróbica (sin presencia de oxígeno).

En este proceso natural en el que la función es convertir un material más grande en uno más pequeño, es decir, de macronutrientes a micronutrientes, se libera calor y también es un recurso que se puede aprovechar además del fertilizante que se utilizará para las plantaciones. que servirá de alimento para personas y animales.

Los principales microorganismos que realizan este proceso son:

Bacterias:

Las bacterias son microorganismos unicelulares que no tienen un núcleo definido y están presentes en casi todos los ambientes desempeñan papeles importantes en la descomposición de la materia orgánica, el reciclaje de nutrientes e incluso en la salud humana, como parte de la flora intestinal.

Algunas bacterias pueden causar enfermedades, pero muchas son esenciales para la vida y los procesos industriales, como la producción de alimentos fermentados y medicamentos.

Las principales bacterias que se pueden utilizar en este sistema para generar fertilizante, energía en forma de calor y gases combustibles son:

Bacterias mesófilas: activas a temperaturas moderadas (20°C a 45°C).

Por ejemplo: Bacillus subtilis.

Son bacterias que sobreviven y realizan sus funciones en el rango de temperatura de 20 a 45 grados centígrados, entrando en hibernación a temperaturas más bajas y muriendo a temperaturas más altas.

Bacterias termófilas: Activas a altas temperaturas (45°C a 70°C).

Se trata de bacterias que pueden sobrevivir a temperaturas más altas, que son las que generan mayor calor cuando se utilizan, ya que continúan el proceso de degradación hasta temperaturas de 70 grados centígrados, lo que puede proporcionar calefacción para áreas más grandes que requieren menos espacio para el contenedor de compost bacterias Anaeróbicas: Trabajan en ausencia de oxígeno y son esenciales para la producción de biogás.

Ejemplo: Metanobacteria.

Se trata de bacterias que no necesitan oxígeno para realizar sus procesos, lo que puede ser de gran utilidad en este sistema ya que se pueden construir espacios cerrados que no permitirán que los olores del proceso se escapen y molesten a los residentes y visitantes del lugar que utilice este sistema de calefacción. Este tipo de bacterias son las que producen más metano, que puede aprovecharse tanto en la cocina como en otro sistema de calefacción basado en la quema de combustible, por lo que existen dos opciones para aumentar la temperatura ambiente en inviernos intensos e incluso no tan intensos.

Además, este sistema se puede mantener funcionando en otras estaciones como medio para producir gas metano para su uso en estufas o incluso generadores de electricidad.

Hongos: Los hongos son organismos pertenecientes al reino Fungi, que incluye levaduras, mohos y setas.

Son eucariotas, es decir, tienen células con núcleo y se alimentan de materia orgánica en descomposición.

Los hongos desempeñan funciones esenciales en la descomposición y el reciclaje de nutrientes en el ecosistema. Además, algunos hongos se utilizan en la producción de alimentos, como el pan y la cerveza, mientras que otros pueden causar enfermedades en plantas y animales.

Tipos de hongos que pueden generar calor:

Hongos Saprobios: Descomponen la materia orgánica y se encuentran principalmente en suelos ricos en materia orgánica.

Ejemplo: Trichoderma.

Son microorganismos que descomponen otros organismos muertos, como plantas y animales.

Hongos Termófilos: Activos a altas temperaturas, ayudan en la descomposición de la celulosa y la lignina. Es decir, descompone restos vegetales, pudiendo utilizarse para generar calor, restos de comida, hojas de árboles, papel, que incluso puede ser papel higiénico.

Estos hongos producen principalmente azúcares simples, que luego pueden usarse para producir alcohol y también como combustible.

Por ejemplo: Aspergillus fumigatus.

Los actinomicetos:

Los actinomicetos son un grupo de microorganismos que presentan características intermedias entre las bacterias y los hongos.

Son conocidos por su capacidad para descomponer materia orgánica compleja y producir antibióticos.

Los actinomicetos son comunes en los suelos, donde desempeñan un papel crucial en el reciclaje de nutrientes y la promoción de la salud de las plantas.

Principales actinomicetos que se pueden utilizar en el sistema de calefacción:

Actinomicetos mesófilos: activos a temperaturas moderadas y se sabe que descomponen compuestos orgánicos complejos.

Ejemplo: Streptomyces.

Actinomicetos termófilos: Activos a altas temperaturas y ayudan a descomponer materiales resistentes como la celulosa.

Ejemplo: termomonospora.

Las ventajas de los actinomicetos con relación a las bacterias y hongos es que pueden descomponer estructuras que no han sido descompuestas previamente, es decir, se puede decir que con esto se inicia el proceso de descomposición y los demás continuarán hasta que los compuestos generados sean lo más simples posibles. , los cuales se denominan micronutrientes que pueden usarse para fertilizar las plantas, cerrando así el ciclo, donde las plantas generarán material que será consumido y luego degradado.

Estos microorganismos se encuentran en:

Suelos: La mayoría de estos

microorganismos se encuentran en los suelos, donde desempeñan un papel crucial en el reciclaje de nutrientes.

Dependiendo del tipo se encuentran más en lugares más cálidos o más húmedos, pero esto no impide que se los lleve a lugares más secos o más fríos si se crea un ambiente que les dé la humedad y temperatura inicial para que empiecen a producir ambas. Calor y calor. Otros productos que se pueden utilizar este sistema, al igual que la tecnología actual, puede automatizarse, es decir, no es necesario controlar manualmente la humedad y la temperatura, solo es necesario crear un circuito que controle y monitoree los niveles de humedad y temperatura para que el sistema permanezca vivo y funcionando.

Residuos Orgánicos: Se pueden encontrar en pilas de abono y residuos orgánicos.

En todo lugar que tenga alimentos, siempre habrá algún tipo de microorganismo que los descompondrá, estando así presente incluso en los lugares más fríos, pudiendo incluso encontrarse en lugares que acumulan residuos vegetales y animales bajo la nieve y el hielo, pudiendo incluso ser una forma de sobrevivir si estás en una situación en la que estás perdido en un lugar con frío extremo, pudiendo buscar donde sea probable que haya una acumulación de restos orgánicos, como cerca de árboles, para cavar un hoyo hasta encontrar estos residuos y quedarán parcialmente enterrados en este lugar, el cual estará a mayor temperatura y el propio calor de tu cuerpo ayudará a despertar estos microorganismos que luego ayudarán a calentar este lugar y poder salvar tu vida.

Agua: Algunos tipos específicos se pueden encontrar en cuerpos de agua, donde ayudan a descomponer la materia orgánica sumergida.

Generalmente son bacterias que viven en lodos y pantanos, las cuales generan el olor característico de estos lugares debido a la descomposición de la materia orgánica que se acumula en el agua, que pueden ser restos tanto de plantas como de animales.

Ambientes de alta temperatura: Los microorganismos termófilos a menudo se encuentran en sitios de compostaje calientes y fuentes termales.

Incluso en lugares muy fríos puede haber lugares donde se puedan encontrar fuentes termales, que se pueden utilizar para un sistema de calefacción, como ya se ha comentado en este libro, y también microorganismos que se pueden utilizar para un sistema de calefacción en lugares que no están tan cerca. de esta fuente termal con esto se puede concluir que este sistema se puede realizar en cualquier parte del mundo, ya que se pueden encontrar algunas especies de microorganismos que pueden generar un aumento de temperatura, o pueden importarse, principalmente porque tienen las características de sobrevivir al viaje. para hibernar en situaciones de baja humedad o temperaturas más bajas.

Siguiendo con las fases de descomposición que generarán energía en forma de calor, tenemos la fase mesófila.

Esta se considera la primera fase, pues la temperatura hace que el proceso de descomposición y generación de calor se vuelva intenso, es decir, los microorganismos al encontrar un ambiente con la temperatura adecuada, se despiertan y comienzan a descomponerse.

En esta fase que dura desde unos días hasta algunas semanas, los microorganismos mesófilos (los que prosperan en temperaturas moderadas, entre 20°C y 45°C) comienzan a descomponer los materiales orgánicos más simples, como azúcares y almidones. Durante esta fase, la actividad microbiana es intensa y comienza a generar calor. En esta etapa es importante tener suficiente materia orgánica y mantener la temperatura en el contenedor de abono entre 20 y 45 grados centígrados.

Fase termófila:

A medida que los microorganismos mesófilos descomponen la materia orgánica, la temperatura del compost comienza a aumentar.

Cuando la temperatura supera los 45°C, los microorganismos termófilos (los que prosperan a altas temperaturas, entre 45°C y 70°C) se hacen cargo de la descomposición. En esta etapa, los microorganismos que pueden soportar temperaturas de hasta 45 °C también serán degradados por otros que comiencen a actuar a temperaturas superiores, y es importante configurar el biosistema tanto con organismos que vivan a temperaturas medias como con aquellos que sobrevivan. a temperaturas más altas ya que los primeros ayudarán tanto en el inicio de la descomposición como en el aumento de la temperatura para "despertar" los microorganismos que trabajarán a temperaturas más altas, siendo estos los que habrá que mantener vivos para que se pueda calentar. mantenerse durante más tiempo, por lo que es necesario que las temperaturas dentro del contenedor de compost no superen los 70 °C, ni se reduzcan a mucho menos de 45 °C, ni a menos de 20 °C.

Pero para conseguirlo, tener una calefacción ideal para cada casa y sus habitantes, es importante investigar el conjunto de bacterias y hongos que están activos a la temperatura media prevista para el interior de la casa y mantener reservas de aquellas que puedan soportar temperaturas más bajas. restaurar el sistema si excedieron la temperatura que pueden soportar. En cierto modo, el control de la temperatura ocurrirá casi automáticamente, porque considerando microorganismos que pueden generar hasta 70 °C, hibernarán a temperaturas inferiores a 45 °C, volviendo a funcionar cuando la temperatura vuelva a aumentar.

Una buena forma de crear este sistema es mediante aquellos que soportan temperaturas más altas ubicados más centralmente en el contenedor de compost y los que soportan temperaturas más bajas en las partes exteriores, de manera que aunque el centro alcance temperaturas altas, en las partes exteriores estas no superen la temperatura superable por microorganismos que trabajan a temperaturas más bajas, haciendo así un sistema sustentable que mantiene a ambas especies siempre vivas, de manera que el sistema tenga un funcionamiento continuo y la capacidad de mantener una determinada temperatura en el ambiente que no sea tan alta como para serlo. insoportable.

La siguiente fase de descomposición es la producción de calor, es decir, la fase en la que esta fase alcanza su pico, o máxima producción.

El calor generado durante el compostaje es un subproducto de la actividad metabólica de los microorganismos. A medida que descomponen la materia orgánica, consumen oxígeno y liberan dióxido de carbono (CO_2) y agua (H_2O) a través de la respiración.

Dependiendo del tipo de microorganismo será necesario un sistema que les proporcione el oxígeno necesario.

La energía liberada durante este proceso

metabólico se disipa en forma de calor, aumentando la temperatura del compuesto.

Fase de Enfriamiento y Maduración:

Después de la fase termófila, el compuesto entra en una fase de enfriamiento.

La temperatura comienza a bajar y los microorganismos mesófilos regresan para completar la degradación de los materiales orgánicos restantes.

Durante esta fase, el compost continúa estabilizándose y madurando, lo que da como resultado un producto final rico en nutrientes.

El propio sistema de calefacción ayudará en este proceso de enfriamiento, ya que el calor se aprovechará para calentar el ambiente y en consecuencia reducir la temperatura dentro del contenedor de compost, lo que provocará que los productos previamente descompuestos sean descompuestos en estructuras más pequeñas por microorganismos que trabajan a temperaturas medias, volviendo nuevamente al proceso de calentamiento hasta consumir toda la materia orgánica, quedando sólo el fertilizante y el gas producido.

Producción de Gases Combustibles:

En los procesos de degradación anaeróbica, como la digestión anaeróbica, la ausencia de oxígeno conduce a la producción de biogás, una mezcla de metano (CH_4) y dióxido de carbono (CO_2).

Este biogás puede ser capturado y utilizado como combustible para diversas aplicaciones, incluida la generación de energía eléctrica y térmica.

En este proceso sin oxígeno se produce gas que puede ser utilizado en otro sistema de calefacción o para uso en estufas, siendo así el último proceso, requiriendo después de este que se renueve el sistema añadiendo más material orgánico.

Para que este sea un sistema continuo, se pueden tener compostadores separados, donde uno reposa a temperaturas más bajas, o hiberna para que el material del otro se renueve, dependiendo de la cantidad de materia orgánica que haya en el compostador, este proceso de renovación puede ser se realiza al cabo de semanas o incluso meses, por lo que no requiere un mantenimiento muy frecuente, o se puede realizar un sistema de renovación automático, donde se repone la materia orgánica en la parte superior y el material en forma de fertilizante, haciendo que el sistema nunca se detiene ni necesita un sistema de respaldo.

Después de dar información sobre cómo funciona la descomposición y por qué genera calor, explicaré cómo se puede hacer este sistema y qué tamaño debe tener para que pueda usarse como un sistema único para calentar un ambiente, convirtiendo el conocimiento científico en tecnología útil para humanidad.

De las páginas y capítulos anteriores, podrá hacerse una idea clara de cómo construir este sistema de calefacción natural. Sin embargo, es fundamental considerar las dimensiones requeridas para el sistema de compostaje. Es fundamental comprender la relación entre el volumen del contenedor de abono y el espacio que desea calentar. En primer lugar, la eficiencia del sistema de calentamiento de compost depende directamente del tamaño del contenedor de compost. Para determinar las dimensiones adecuadas hay que tener en cuenta el volumen del espacio a calentar, la cantidad de materia orgánica disponible y la capacidad térmica deseada.

El contenedor de compost debe ser lo

suficientemente grande como para garantizar que la descomposición de materiales orgánicos genere suficiente calor. Se recomienda que el contenedor de compost tenga una profundidad mínima de 1,5 metros para optimizar la producción de calor. Además, el ancho y el largo deben ser proporcionales al volumen de la habitación a calentar. Por ejemplo, para calentar un espacio de 50 metros cúbicos, es posible que el contenedor de compost deba tener un volumen de aproximadamente 4 metros cúbicos, dependiendo de la eficiencia térmica del material orgánico utilizado.

Otro aspecto importante es el mantenimiento del contenedor de compost. Se debe asegurar una buena aireación y humedad para maximizar la actividad microbiana y, en consecuencia, la generación de calor. La elección de materiales orgánicos también influirá en la eficiencia del sistema. Los desechos de cocina, de jardinería y el estiércol animal (o humano) son buenas opciones para una descomposición eficiente. Cuando se trata de gestión de desechos humanos, una solución eficaz es sustituir los sanitarios tradicionales por sistemas de sanitarios que no utilizan agua, conocidos como sanitarios secos. Estos sanitarios almacenan desechos humanos en forma seca, utilizando materiales como aserrín de madera seco. Este método es ideal para sistemas de compostaje ya que los desechos orgánicos humanos, combinados con aserrín, proporcionan una rica fuente de materia orgánica.

El aserrín seco no sólo ayuda a mantener secos los residuos, sino que también actúa como un excelente material de cobertura, absorbiendo los olores y facilitando una descomposición eficiente en el contenedor de abono. Esta combinación de materiales orgánicos representa depósitos de energía que, durante el proceso de descomposición, se transforman en calor. Este calor se puede utilizar para diversos fines, como calentar espacios o agua. Además, una de las grandes ventajas de los sanitarios secos es la eliminación del uso de agua. En regiones frías donde la congelación de los sistemas de alcantarillado tradicionales puede ser un problema importante, los sanitarios secos ofrecen una solución práctica. Sin necesidad de descargar agua, no hay riesgo de que las tuberías o el sistema del inodoro se congelen durante los meses de invierno, lo que garantiza un funcionamiento eficiente y continuo.

Otra ventaja importante es la conservación del agua. En un mundo donde la escasez de agua es una preocupación creciente, la adopción de baños secos contribuye a una reducción significativa del consumo de agua. Además, los nutrientes presentes en los desechos humanos se pueden reciclar de manera segura y eficiente, promoviendo un enfoque sostenible y respetuoso con el medio ambiente para la gestión de desechos.

Por lo tanto, la implementación de sanitarios secos no sólo ofrece beneficios prácticos y ambientales, sino que también contribuye a la sostenibilidad y eficiencia energética, siendo una solución viable para diferentes regiones y condiciones climáticas volviendo al procedimiento que se debe seguir con el contenedor de abono: es fundamental controlar periódicamente la temperatura del contenedor de abono. La temperatura ideal para un compostaje eficaz es entre 45°C y 70°C. Al permanecer dentro de este rango, el sistema podrá proporcionar calefacción continua y sostenible al ambiente deseado.

Con estas consideraciones es posible planificar y construir un sistema de calefacción eficiente y ecológico a base de compost.

Entonces, sabiendo que para una casa o habitación de 50 metros cúbicos, que según las dimensiones comunes corresponde a un lugar con una altura de pared de 2,5 metros, 5 metros de ancho y 4 metros de profundidad, necesitarás un contenedor de abono de 4 metros cúbicos. metros, es decir, una caja o galón de las siguientes dimensiones:

En forma de caja tendría las dimensiones: Ancho: 1 metro, Fondo: 2,67 metros y alto 1,5 metros. Puede parecer un sistema grande si consideramos lugares pequeños, pero si dividimos este volumen para colocarlo debajo de un piso, no parece ocupar mucho espacio, simplemente reduciendo el espacio entre el piso y el techo en un máximo de 50 cm, considerando el tamaño medio de las personas, incluso reduciendo esta cantidad no lo encontrarían en el techo, aunque en situaciones donde se vaya a utilizar este sistema es una casa, este sistema se puede hacer en un sótano o debajo del piso, solo necesitando tener una forma de reemplazar el material del contenedor de abono.

Como se sabe que en lugares muy fríos los

sistemas de calefacción central ya ocupan un espacio similar, no sería un problema sustituir este sistema, y en apartamentos, es decir, edificios, el sistema central se puede instalar bajo tierra o en espacios no utilizados. en garajes y jardines. Para distribuir la temperatura en el ambiente, es necesario crear un sistema cerrado, donde las tuberías que pasan por la casa se puedan llenar con agua, posiblemente con un agente anticongelante, para asegurar que cuando el sistema no esté en uso, esta agua no se congela, que probablemente nunca se congelará, ya que el agua del interior de estas tuberías recibirá continuamente energía en forma de calor del contenedor de compost, manteniendo así el agua siempre líquida y transfiriendo calor por conducción y propagación.

Para que la calefacción de los hogares sea más eficiente es imprescindible que cuenten con un buen aislamiento térmico. Esta práctica ya es común en regiones que utilizan sistemas de calefacción, ya que minimiza el intercambio de calor entre el ambiente interno y externo. Un buen aislamiento térmico incluye el uso de materiales aislantes en paredes, techos y suelos, así como ventanas de doble o triple acristalamiento que reduzcan la pérdida de calor. El aislamiento térmico actúa como una barrera que evita que el calor generado internamente escape al exterior durante el invierno, y viceversa en verano, manteniendo así una temperatura interior constante y confortable. Cuanto menor sea la transferencia de calor entre el ambiente interno y externo, mayor será la eficiencia del sistema de calefacción. Esto no sólo mejora el confort térmico, sino que también se traduce en ahorro de energía y reducción de costes de calefacción.

Estas tuberías, que se utilizarán para el sistema de calefacción, deben instalarse preferentemente en las partes más altas de las habitaciones, ya que permitirán que el calor se distribuya mejor en el ambiente, debido al fenómeno físico que hace que el aire caliente descienda hasta las partes inferiores son más bajas, haciendo que el aire con menor temperatura suba, ayudando al intercambio térmico necesario para el confort durante el invierno.

Para distribuir el calor se pueden utilizar otros mecanismos como la ventilación, haciendo que el aire se desplace a más partes del ambiente, lo que podría suponer que se necesiten menos tuberías llenas de agua, sustituyéndolas por tuberías por las que circulará el aire, a pesar de tener que gastar más en electricidad para mantener los ventiladores encendidos.

En resumen, el sistema de calefacción que utiliza la degradación que se produce en los contenedores de compost se presenta como una solución viable y sostenible para diversas necesidades energéticas. Este método no sólo aprovecha la descomposición natural de materiales orgánicos para generar calor, sino que también ofrece una alternativa más segura, al no utilizar combustibles inflamables. La simplicidad del sistema permite implementarlo en una variedad de contextos, haciéndolo accesible y práctico para muchas familias y comunidades.

Además de promover la eficiencia energética, este sistema también contribuye a la adecuada gestión de los residuos orgánicos, transformando lo que de otro modo sería basura en una valiosa fuente de energía. Esto refleja un paso significativo hacia un futuro más sostenible, donde los recursos se utilicen de manera más consciente y responsable.

Las páginas y capítulos anteriores de este libro han proporcionado una comprensión detallada de los pasos necesarios para construir y mantener este sistema de calefacción. Desde la elección de los materiales hasta el diseño del contenedor de compost y el aislamiento térmico de las viviendas, cada aspecto fue cuidadosamente considerado para garantizar la máxima eficiencia y seguridad.

En última instancia, al adoptar soluciones como esta, no sólo estamos reduciendo nuestra dependencia de los combustibles fósiles, sino que también estamos creando un impacto positivo en el medio ambiente. El compostaje como fuente de energía térmica es un claro ejemplo de cómo la innovación y la sostenibilidad pueden ir de la mano, aportando beneficios tangibles para nuestro planeta y las generaciones futuras.

www.ingramcontent.com/pod-product-compliance
Lightning Source LLC
Chambersburg PA
CBHW071747240526
45471CB00023B/2821